就不告诉你！

猫咪来了

送给孩子的宠物小百科

（日）小野寺佑纪 著

张 岚 译

辽宁科学技术出版社

·沈阳·

猫咪这种小萌宠

猫科大家族

猫咪是一群娇小伶俐的猎手。它们的脚步悄无声息，却善于攀爬跳跃；它们的平衡感极强，经常在高墙上若无其事地散步。猫咪时而乖巧时而任性，好奇心很重，撒娇的样子惹人喜爱。自然界中，这样的猎手可不止猫咪。

有这样一群动物，它们身体异常柔韧，指甲可以随意伸缩，极其善于狩猎……这就是猫咪的伙伴"猫科动物"。

猫科动物是一个庞大的家族。我们常见的狮子、老虎、猎豹等都是其中的一员。

在大型猫科动物成员中，有几种"大猫"的特点是只会发出响亮的吼叫，无法发出猫咪那种"呼噜呼噜"的声音。相反，中小型猫科动物虽然大都能发出"呼噜呼噜"的声音，却不会大声吼叫。虽然不同的家族成员之间有些差别，但猫科动物的共同点也是显而易见的。狮子被称为"百兽之王"，处于热带草原食物链的顶端，但是仔细观察你会发现，其实它们与家养的小猫咪有许多相似之处呢！

猫咪想要说什么？

无论我们如何跟踪观察，都很难与野生的猫科动物进行声音和语言上的交流。相比之下，家养的猫咪可是经常喵喵叫呢。通过实验我们发现，猫咪在与主人相处的时候，喵喵的叫声里包含着许多复杂的信息。据说，很久很久以前，人类在挑选野生山猫带回家饲养的时候，大多会选择那些虽然已经成年但仍然会像小时候一样喵喵叫的。在人类眼中，这样的猫咪更加亲切可爱。这大概就是家猫经常喵喵叫的缘由吧。

家养的猫咪为了引起人类的注意或是想要向人类表达需求的时候，就会发出喵喵的叫声。它们甚至能够根据自己不同的需求发出各种不同的叫声。我们至今还在研究猫咪的叫声究竟是否相通。它们也有共同的语言吗？也许未来的某天，我们人类也需要学习猫咪的语言来与爱猫聊天互动呢。

常见的猫科动物成员代表

家猫

豹猫

猞猁

虎猫

狞猫

金猫

金钱豹

目 录

这本书在讲什么?

提到猫咪,你首先会想起什么?

是动画片里时常跟在小魔女身边的小黑猫,还是收银台上憨态可掬的招财猫,抑或是古埃及壁画里华丽高贵的猫神? 你眼中的猫咪是居家懒虫,还是捕猎高手?

这本书里藏着一个奇"喵"有趣的猫咪世界,你要的精彩我都有!

第❶章 缘,"喵"不可言

据悉,猫咪与人类的渊源可以一直追溯到1万多年以前。在这里,你可以透过生动有趣的图画和文字,看到许多有关猫咪的传说与奇谈。

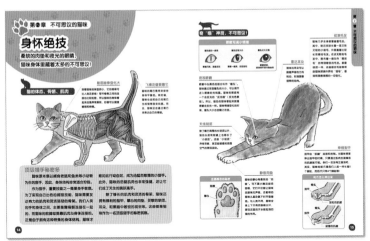

第❷章 不可思议的猫咪

奇妙又可爱的猫咪,你一定迫不及待想要养一只吧? 养猫可不简单哦! 你必备的技能与知识,全都在这里!

第❸章 猫咪大集合

作为人类的爱宠被繁育出来的各种猫咪,遍布世界各地。这里解读了30种最具代表性的猫咪。这么多聪明伶俐的小家伙,你真的不要养一只吗?

猫咪的种类

基本资料
介绍成年猫咪身高、体重、特征以及性格。

插图
生动准确地描绘出各种猫咪的体貌、特征和性格。

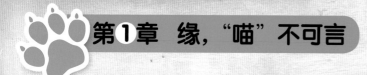

古埃及：猫咪是至爱

在古埃及，从劳动人民到至高无上的法老，大家都是不折不扣的"猫咪粉丝"

与猫咪生活在一起的古埃及人

家猫的祖先是利比亚山猫

　　考古学家发现，人们普遍认为现代人类饲养的各种猫咪，全都是野生的利比亚山猫的后代。

　　古时候，西亚和埃及附近地区的居民是最早与猫共同生活的人类。那是在大约12000年之前，人类已经从以狩猎为主的生活逐渐转变成农耕生活。而且，在距今约10000年的古墓中，发现了人类和随葬猫咪的尸骨。

　　古埃及位于尼罗河沿岸，拥有大片富饶的农耕地。人们辛苦劳作，把收获的粮食储存在仓库中，这就引来了许多偷吃粮食的小偷——老鼠。追寻着"小偷"的足迹而来的，正是一群善于捕捉老鼠的猫咪。人类为了对付老鼠、保护粮食，开始驯养这群猫咪，它们就成了历史上最早的家猫。

　　古埃及人极度喜爱猫咪。从普通的百姓到至尊的法老，大家都跟猫咪一起过着愉快的生活。这样其乐融融的场面甚至被描绘在古埃及的壁画中，留存至今。为了让心爱的猫咪能够死后重生，有的古埃及人还会把去世的猫咪做成木乃伊。

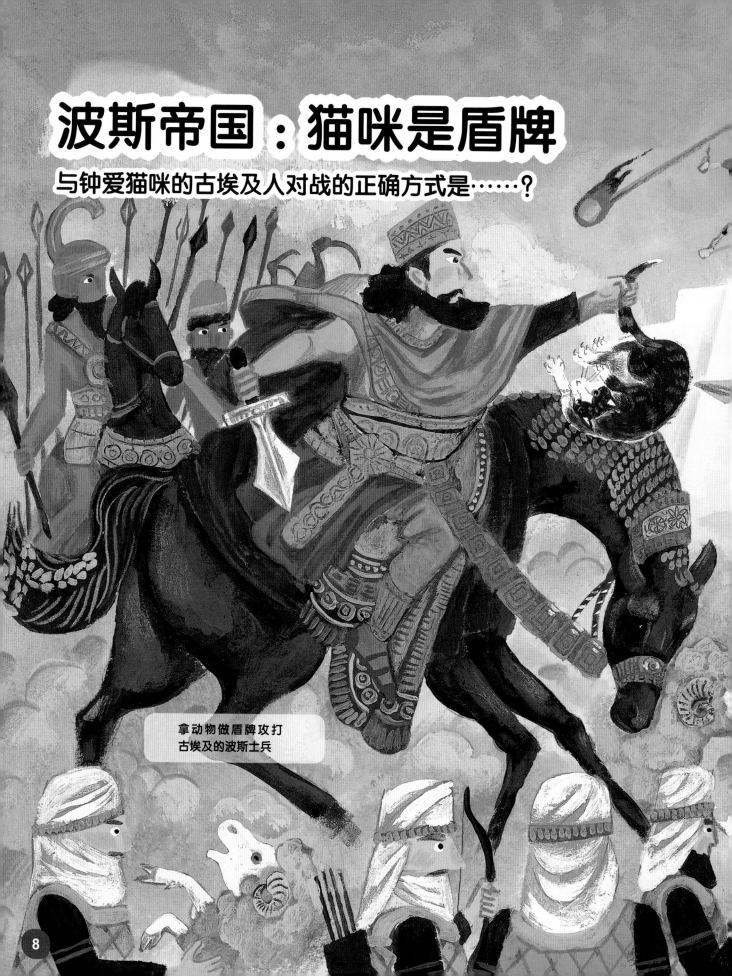

波斯帝国：猫咪是盾牌

与钟爱猫咪的古埃及人对战的正确方式是……？

拿动物做盾牌攻打
古埃及的波斯士兵

≋ 冈比西斯二世的作战 ≋

有这样一个传说：古埃及人由于极为喜爱猫咪，曾经为此付出了非常沉重的代价。

约 2500 年前，开创了阿契美尼德王朝的波斯帝国统治着现在的伊朗和阿富汗所处的中东地区。到了冈比西斯二世继承波斯王位的时候，强大的波斯帝国还没有征服他们的邻居——古埃及。

公元前 525 年，冈比西斯二世率领波斯军队向埃及发起了进攻。于是，埃及人派出大量士兵，用带火的箭和石头等武器击退了波斯军队的入侵。

在首战告败后，冈比西斯二世急中生智，想到了一个出其不意的办法。两军再次交战时，他命令士兵找来许多猫咪、小狗、绵羊以及古埃及人喜爱的各种小动物，排列在波斯军队的最前方。果然，两军开战，埃及人唯恐伤害了可爱的动物，立即放弃了反击。就这样，波斯帝国大获全胜。冈比西斯二世终于成功征服了古埃及。

中世纪欧洲：猫咪是祸害

在中世纪的欧洲，黑猫被视为女巫的使者，因而深受残害。

被前来猎巫的民众团团包围的女人和黑猫

⇒ 猫咪的黑暗时代 ⇐

古埃及兴起的"养猫"热潮逐渐席卷了全世界。

但是在中世纪欧洲，宗教组织和司法机关发起了"猎巫行动"。那时候，就连猫咪也不能幸免，特别是黑猫，它们被视为女巫的使者。大概是因为猫咪总是夜间出没，而且走路没有声音，所以才被当时的人们将其与女巫联系到了一起吧。

欧洲盛行猎巫行动是在14—18世纪。在此期间，许多女巫甚至猫咪惨遭迫害，最终死于非常残酷的刑罚。

14世纪起，鼠疫*蔓延全世界。这是一种由寄生在老鼠身上的鼠蚤携带和传播的烈性传染病。当时的欧洲大陆也未能幸免。据说，每3人中就有1人死于鼠疫。有人提出应立即停止对猫咪的捕杀，但实际上，大规模猎巫行动和对猫咪的残害一直持续到18世纪。

*鼠疫：由鼠疫杆菌引起的烈性传染病。人类感染后，死亡率极高，也被称为"黑死病"。

日本：猫咪可招财

招财猫竟然是一只给清贫的寺院带来福气的小白猫？

招引权臣进门的小白猫

传说招财猫诞生于日本的江户时代。关于招财猫的由来有许多传说，这里来讲讲诞生于日本豪德寺的招财猫。

日本东京都世田谷区有一座豪德寺，这座寺院原名弘德寺，是座不知名的小寺院，寺里的僧人生活十分清苦。

约 370 年前，一位名叫井伊直孝的日本权臣在打猎回家的路上路过弘德寺，这时候下起了瓢泼大雨。直孝碰巧看见寺里养的一只小白猫坐在寺门口，不停地向他招手。被小猫邀请入寺的直孝不仅在寺中留宿避雨，还因此与寺中的僧人成了好朋友。直孝心情大悦，因此就把这座寺院封为井伊家的菩提寺*。从此，寺院起死回生，香火鼎盛。

*菩提寺：日本人存放祖先墓碑α或牌位的寺庙。

伸出前爪仿佛在邀请井
伊直孝进门的小白猫

直孝去世以后，弘德寺更名为豪德寺，在井伊家的扶持下，成为江户时代的名寺。后来豪德寺的僧人给当初向直孝招手的小白猫建造了一座庄重的墓碑。墓碑前供奉着抬起右手的白猫像，寺里的僧人亲切地把它称作"招福猫"。

豪德寺里举着右手的猫咪被称为"招福猫"，而我们平时所见的举着左手的猫咪一般被称为"招客猫"。怀中抱着小金币的招财猫也很常见，商店的店主一般会把招财猫放在店门口，以求财源广进。

身怀绝技

柔软的肉垫和夜光的眼睛，
猫咪身体里藏着太多的不可思议！

猫的体态、骨骼、肌肉

能屈能伸变化大

别看猫咪的体型娇小，它的椎骨可比人类还多呢！每节椎骨之间的连接也比较松散，所以猫咪的身体看起来总是异常柔软，好像可以随意蜷缩和伸展。

飞檐走壁要靠它

猫咪的尾巴是用来保持身体平衡的。有时候，猫咪也会把自己的尾巴当成假想敌来玩耍。而且，猫咪还会通过尾巴来表达自己的情绪。

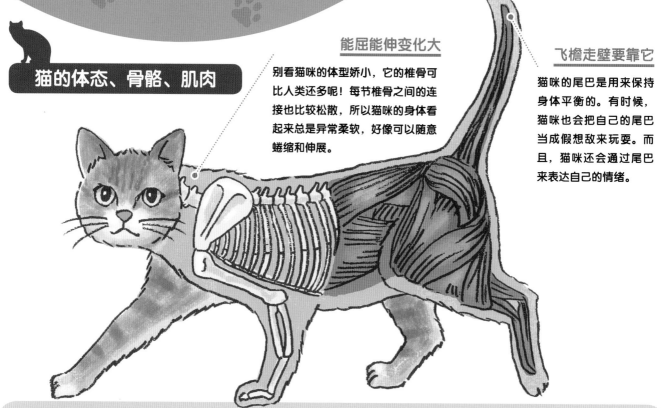

顶级猎手秘密多

　　猫咪原本是以捕食老鼠和鱼类等小动物为生的猎手，因此，身体结构非常适合狩猎。

　　作为猎手，重要技能之一是要身手敏捷。为了实现自己出色的捕猎技能，猫咪需要发达有力的肌肉和灵活强韧的骨架。我们人类的手和身体之间，主要是靠骨骼连接在一起的，而猫咪的前脚却是靠肌肉与身体连接的。正是由于拥有这种特殊的身体结构，猫咪才能如此行动自如，成为迅猛而敏捷的小猎手。此外，猫咪的后腿肌肉也非常强健，这让它们成了天生的跳跃高手。

　　除了修长的肌肉和灵活的骨架，猫咪还拥有锋利的指甲，掌心的肉垫，灵敏的胡须、耳朵，和黑暗中敏锐的视觉等。这些都是猫咪作为一名顶级猎手的秘密武器。

奇"喵"神技，不可思议！

眼睛写满小情绪

瞳孔细如一条线

眼睛闪亮，准备进攻

瞳孔正常大小

眼睛一般亮，状态放松

瞳孔又大又圆

眼睛较暗，
受到惊吓或兴趣盎然

侦测毛发

猫咪几乎全身都覆盖着毛发。其中，贴近皮肤长着一层又软又短的小细毛，外面盖着比较长而硬的毛发。在这无数的毛发中，散布着一些叫作"感觉毛"的特别敏锐的毛发。就像胡须一样，这些感觉毛能够帮助猫咪探测外界的"信号"，感知和洞察周围的一切变化。

夜视眼睛

眼睛中心黑色的部分叫作"瞳孔"。猫咪通过改变瞳孔的大小，可以调节进入眼睛的光线量。猫咪的眼底有一个会反光的"反光镜"（反光色素层）。所以，暗处的猫咪看起来就像眼睛会发光一样。猫咪情绪变化的时候，瞳孔大小也会随之改变。

雷达耳朵

猫咪的耳朵可以随着声音的方向转动，时刻探察猎物的动向。

天线胡须

除了嘴巴周围的长胡须以外，猫的头部和前腿上也都长了"小胡须"。这些"小胡须"异常灵敏，甚至能够感知周围空气的微弱流动。

伸缩指甲

指甲由"肌腱"连接和控制。当猫咪想要伸出指甲的时候，只要通过肌肉拉紧脚底的肌腱就行啦。你们一定没有注意到吧，其实，猫咪的前爪像我们人类一样长着5个脚趾，而后爪只有4个脚趾哦！

静音肉垫

猫咪的掌心有柔软的"肉垫"。可不要小瞧这些肉垫哦，它们不仅能让猫咪走路悄无声息，还能帮助猫咪从高处跳下时平稳着地。与人类不同，猫咪全身上下只有肉垫能出汗，据说这里的汗水能起到防滑的作用。

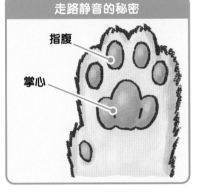

走路静音的秘密

指腹

掌心

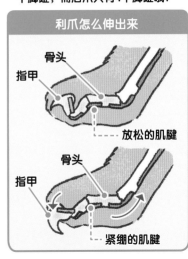

利爪怎么伸出来

骨头
指甲
放松的肌腱

骨头
指甲
紧绷的肌腱

读懂情绪

想要读懂猫咪的情绪？快来看这里！

当猫咪感到害怕或是进入防御状态的时候，耳尖会明显向下压，甚至向后背。这就是人们常说的猫咪的"飞机耳"。

猫咪的耳朵有话说

如果猫咪认为自己能与对方友好而自信地相处，耳朵就会朝前。

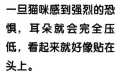

一旦猫咪感到强烈的恐惧，耳朵就会完全压低，看起来就好像贴在头上。

喵行喵语

猫咪本来就是一群夜间活跃、喜欢白天睡大觉的"小懒虫"。别看猫咪的身体在睡觉，有响动的时候，耳朵可是个称职的"哨兵"，从不偷懒。

猫咪转动耳朵，是为了准确地判断声音的来源。此外，耳朵的动作也能表现出猫咪的情绪。感到害怕或是防御状态下的猫咪，耳尖就会向下压或是向后背。这时的猫咪，通常尾巴甚至全身的毛都会立起来。

睡觉中的猫咪如果听到你喊它，可能只会轻轻动动尾巴。这可以看作是猫咪的一种回应。也可能是猫咪在告诉你：我在睡觉呢，等一会儿再说吧！如果猫咪高高竖起尾巴向你慢慢走过来，那其实是它在向你示好呢。小猫在靠近猫妈妈的时候，尾巴就是这样高高竖起。一只正在戒备或是御敌的猫咪，尾巴会像击鼓那样频繁而剧烈地摆动。

不知道你有没有注意到，猫咪其实可以发出很多种叫声。猫咪的叫声大致可以区分为4类——打架时的叫声、公猫和母猫之间的叫声、猫宝宝和猫妈妈之间的叫声、猫咪对人类的叫声。当人类抚摸猫咪的时候，它们经常会发出"呼噜呼噜"的声音，这表示你的猫咪现在很舒服、很爱你。一旦猫咪发起脾气，就会发出"嘶"或"嗷"之类的叫声以示不满。

猫咪的尾巴有话说

尾巴高高竖起，表示友好和亲近。

猫咪在强烈恐惧之下，全身的毛和尾巴都会立起来。偶尔玩得特别开心的时候，身上的毛也会竖起来。

猫咪把尾巴夹在两腿之间，通常是在向对方示弱。

尾巴快速左右摆动或者啪嗒啪嗒敲地板，表示不耐烦或者警戒。

尾巴水平伸展或者微微下垂，说明猫咪自信而放松。

习性揭秘

猫咪没有恐高症，每天都要蹭蹭蹭！

我抓！

猫咪的爪子可以分泌一种含有大量信息的激素。因此，猫咪在某处又抓又挠磨指甲的同时，能把自己的激素信息留在那里。

奇"喵"习惯，令人惊叹！

我蹭！

猫咪的额头和脸颊附近也能分泌含有特殊信息的激素，所以猫咪都喜欢在自己的地盘上蹭额头和脸颊。遗憾的是，这些激素里的信息和"暗号"只有猫咪能够互相解读，我们人类可"翻译"不出来。

招牌动作

猫咪经常会在主人身上或家具上"蹭蹭"。可别小瞧这个动作哦，猫咪才不是因为身体痒痒才要蹭呢。它们其实是为了把自己的气味和主人的气味混合在一起。气味的混合，能让猫咪备感安心，加深与主人之间的感情。

关系亲密的猫咪之间也会互相"蹭蹭"。这样蹭身体，也是在"做记号"。把自己的激素*气味留在家具或者自己的领地上，强调"这里是我的地盘"。

磨指甲和喷尿也是典型的"做记号"的方式。为划分和标记自己的领地而做出的喷尿行为，不同于普通排泄，此时的猫咪通常

*激素：动物为了互相传递信息而释放到体外的某些化学物质，例如气味等。

我喷！

生活在野外的猫咪为了守护自己的地盘，会在自己的地盘内和边界线上喷洒尿液。有些平时不用尿液划分地盘的猫咪，也会在情绪不稳定或是压力大的时候，偶尔发生喷尿的行为。

我跳！

猫咪天生喜欢居高临下，因此它们常常会跳到屋顶和高高的柜子上。你可以为室内饲养的猫咪准备一些可以自由攀爬的环境，以便使猫咪感觉更安心。

我扑！

猫咪从宝宝时期开始就非常喜欢互相追逐、扑倒之类的游戏。找些小玩具陪伴猫咪玩耍，能有效避免猫咪把你当成扑倒的目标哦。

我舔！

长毛猫的主人可以用专门的小梳子帮助你的爱猫梳毛。其实，大多数的短毛猫也非常喜欢主人帮它们梳毛。焦虑不安的猫咪可能会过度频繁地舔毛，严重的时候甚至会引起秃毛。主人们要当心哦！

是在四肢直立的状态下向后方喷洒气味强烈的尿液。虽然这种撒尿划地盘的行为在公猫中比较常见，但有时候在母猫身上也有可能发生。

猫咪很喜欢居高临下，俯视自己的地盘。野外的猫咪喜欢爬上屋顶，而室内的猫咪则喜欢爬到猫爬架*顶端或者柜子上面。

幼猫喜欢扑向发光物体或主人的脚。猫咪都有狩猎的天性，而这种不自觉的攻击游戏可以练习捕猎。

猫咪还特别喜欢给自己"洗澡"，每天都会花大量时间舔毛，用前爪擦洗额头、耳朵和脸颊等。这是为了保证自己的毛发干净整洁。

*猫爬架：专门为室内饲养的猫咪设计的宠物用品，方便猫咪爬高。

（详见第21页）

饲养妙计

建造猫咪安乐窝，共同生活很快乐！

猫咪怎么排泄

排泄后，猫咪会回身确认小便或大便的气味，然后用猫砂把排泄物埋起来。尽量不要去打扰正在排泄的猫咪，并记得及时清理猫砂，保持清洁。

排泄前，猫咪会仔细确认猫砂盆的气味，并用前爪刨猫砂。

养猫小贴士

如果你下决心养猫，那么首先要准备一个适合猫咪居住的环境。

猫咪喜欢在沙地上大小便，所以我们需要在家里准备一个猫砂盆。即使不刻意去教猫咪使用猫砂盆，它们也知道应该在这里排泄。

对于猫咪来说，磨指甲是每日的"必修课"。最好用纸壳或者布团给猫咪做个猫抓板。尽管家猫与人类已经共同生活了上千年，但它们仍然保留着狩猎的天性，所以，多准备一些小玩具，空闲的时候与你的爱猫尽情玩耍吧。

猫咪安乐窝示意图（室内饲养）

猫爬架

猫抓板

笼子

猫薄荷

逗猫棒

插座对猫咪来说是隐藏的危险，应该注意防止猫咪抓咬或玩耍

准备猫抓板、猫爬架以及隐蔽的藏身之所等各种设施，让猫咪可以在家中自由活动。

为了避免猫咪焦虑或者孤独，应该抽时间陪猫咪玩耍。

　　与猫咪一起玩耍，可以加深主人和猫咪之间的亲密感情。虽然猫咪本来是独居动物，但是猫咪与同类之间也会保持正常的交流。对于家中饲养的猫咪来说，与主人之间的交流和玩耍也是必不可少的。

　　猫咪喜欢居高临下，帮它们建造视野开阔的登高之处也十分必要。同时，别忘了帮猫咪准备隐蔽的藏身之处哦。

　　人类与猫咪之间，难以建立起像人类与狗之间那种主从关系。即使你生气地大声呵斥猫咪，它们也不会觉得自己犯了错，正在被批评。相反，你的大嗓门很有可能令猫咪感到恐惧和无所适从，因此造成很多麻烦。比起怒吼和责骂，也许你应该静下心来先看看：你的爱猫是不是生病了？说不定是家里的环境发生了变化，引起猫咪的不安。养猫是需要耐心的哦。

正确护理

猫咪健康我知道，日常护理有诀窍！

日常体检

眼睛

健康的眼球应该表面湿润，眼睑内侧呈现淡淡的粉色。检查眼睛周围是否有眼眵（眼屎）。

耳朵

耳朵里面应该呈现干净的淡粉色。检查耳朵有无外伤和异味。

牙齿

检查牙齿表面是否有牙垢。健康的牙龈应该是淡淡的粉色。

指甲

轻轻按压猫咪的脚趾，指甲就会自动伸出来。检查指甲是否发生折断或脱落。

体型

轻轻抚摸猫咪的肚皮，如果能摸到肋骨就不算太胖。

猫咪的健康管理

一名合格的主人一定不会漏掉爱猫的健康管理。提供符合猫咪天性的居住环境，注意猫咪每天的精神状态，如果发现异常一定要及时就医。最好选择固定的医院，定期带猫咪接受体检。各位主人可以趁每年为猫咪打预防针的机会，顺便给它们体检。猫咪非常善于忍耐疼痛、隐藏病情，所以，作为主人，能够及时发现猫咪微小的异常就显得十分关键了。

猫咪属于食肉动物，而且大部分猫咪都习惯少食多餐。所以，室内饲养的猫咪应该注意控制饮食，避免过度肥胖。

猫咪常见病

　　室内饲养的猫咪通常比野生猫咪更长寿，这是因为在野外更容易接触到各种寄生虫和病菌。如果有寄生虫*钻进猫咪的肚子里或者藏在猫咪的皮毛中，就很容易导致各种感染症*，威胁猫咪的健康。

　　虽然室内饲养的猫咪不易被感染，但为了预防感染，也应该定期接种疫苗。长期生活在室内的猫咪，由于缺乏运动容易导致过度肥胖甚至忧郁等。一旦发现爱猫有任何异常表现，一定要带它们去看医生哦！

寄生虫与病毒感染

肚子里的寄生虫

像原虫、线虫、绦虫等，都是肚子里的寄生虫。它们的卵随着动物的粪便一起排出体外，通过这种方式传染给其他动物。如果出生不久的猫咪宝宝或者体质较弱的猫咪不幸感染了这样的寄生虫，很有可能会危及生命呢！

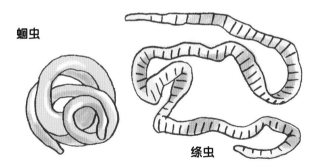

蛔虫

绦虫

皮毛中的寄生虫

螨虫和跳蚤是这类寄生虫的典型代表，一旦感染就会引发强烈的刺痒。看到这里你一定吓了一跳吧？别怕，其实有很多药可以驱除这些讨厌的寄生虫。如果你的爱猫一不小心感染了寄生虫，就快帮它们对症下药吧。

跳蚤

螨虫

感染症和预防接种

对于猫咪来说，应该优先接种针对以下3种病的疫苗*。

猫泛白细胞减少症
俗称"猫瘟热"，是一种由犬细小病毒引起的严重传染病。患病的猫咪白细胞会减少，身体失去抵抗力。

猫传染性鼻支气管炎
俗称"猫鼻支"，是由疱疹病毒引起的呼吸道传染病。患病的猫咪看起来像是感冒一样，会打喷嚏、流泪、流鼻涕，严重时睁不开眼睛。

猫杯状病毒感染
是由猫杯状病毒引起的呼吸道传染病。患病的猫咪会表现出类似于感冒的症状和口炎等，并且多数会精神不振。

*寄生虫：钻进动物体内或隐藏在毛发中，以吸食宿主体内的营养为生的微小生物。

*感染症：病原微生物进入动物体内引发的病症。

*疫苗：帮助动物产生免疫力的细菌制剂。接种疫苗后的动物不易再感染这种疾病。

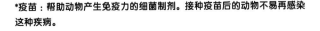

亚洲猫咪①

全世界体型最小的猫咪来自亚洲。

暹罗猫

资料

中国常见的本土猫咪

体重	3~3.5千克
特征和性格	原产于中国的家猫。身上有橘色、白色、黑色等各种花纹。

中华田园猫

资料

眼睛湛蓝体型纤细的猫咪

体重	2.5~5.5千克
特征和性格	很久以前，饲养在暹罗王朝（现在的泰国）的寺院和王宫里的贵族猫咪。暹罗猫皮肤温度较低的地方毛色比较深，如面部、四肢、尾巴等。

泰国御猫

资料

生于泰国的"白宝石"

体重	2.5~5.5千克
特征和性格	泰国御猫通体雪白，最大的特点是拥有让人过目不忘的异色双眼，通常被称为"金银眼"。善于社交，聪明伶俐，很淘气。

资料

召唤幸运的银色猫咪

体重	2.5~4.5千克
特征和性格	自古以来就生活在泰国的克拉特猫，毛色多为青蓝色，看上去反射着银色的光。喜欢玩耍，爱撒娇，但有时候也会有点儿神经质。

克拉特猫

新加坡猫

资料

棕色"小精灵"

体重	2~4千克
特征和性格	原产于新加坡，后在美国开始人工繁育，是世界上体型较小的猫咪之一。新加坡猫是非常喜欢聊天的小淘气。

亚洲猫咪②

世界闻名的长毛波斯猫，竟然也出身于亚洲。

资料 原产于日本，在美国繁育成功

体重	2.5~4千克
特征和性格	1968年，日本短尾猫的祖先被带到美国，与外国猫咪交配*后产生了新品种的猫咪，就是现在的日本短尾猫。它们的特征是有短如兔尾的小尾巴。日本短尾猫性格黏人，喜欢玩耍。它们的叫声十分甜美，听起来婉转如歌。

波斯猫

资料 长毛猫的代表

体重	3.5~7千克
特征和性格	据说原本是生活在阿富汗和伊朗一带的猫咪。从16世纪开始成为欧洲广为流行的宠物。圆圆的眼睛和扁扁的鼻子是波斯猫最大的特点。平日里总是悠闲自得，是非常温文尔雅的猫咪。波斯猫的毛很长，需要经常梳理。

*交配：雌性与雄性的结合行为。本书中特指为了繁育新品种的猫咪而开展的特殊活动。

资料

非常黏人的猫咪

体重	3.5~6.5千克

特征和性格　由原产于缅甸的茶色猫与暹罗猫交配产生的新品种猫咪。肌肉发达，体格健硕，是非常黏人的猫咪。

缅甸猫

伯曼猫

资料

拥有一身长毛和一双蓝眼睛

体重	4.5~8千克

特征和性格　传说最早是缅甸寺院中饲养的猫咪，毛十分纤细。伯曼猫性格温驯而友善。

资料

中国家喻户晓的猫咪

体重	4.5~8千克

特征和性格　据传闻，好几个世纪以前，中国人就已经开始饲养狸花猫了。狸花猫是世界上最早被人类饲养的猫咪之一，是一种聪明灵敏、善于运动的猫咪。

中国狸花猫

美国猫咪

美国繁育了许多新品种的猫咪。

美国短毛猫

资料

乘船远道而来

体重	3.5~7千克
特征和性格	17世纪欧洲人移居美国大陆时，为了防范老鼠，就带了一些猫咪上船，漂洋过海远渡而来。这些猫咪就是美国短毛猫的祖先。美国短毛猫体格健壮而且不容易生病。另外，它们十分聪明，非常喜欢玩耍。

资料

温柔的大猫

体重	4~7.5千克
特征和性格	最早生活在美国东北部的缅因州，样子有点儿像小浣熊。以硕大的体型和长长的毛发著称。缅因库恩猫心情好的时候，会发出鸟鸣般动听的叫声。

缅因库恩猫

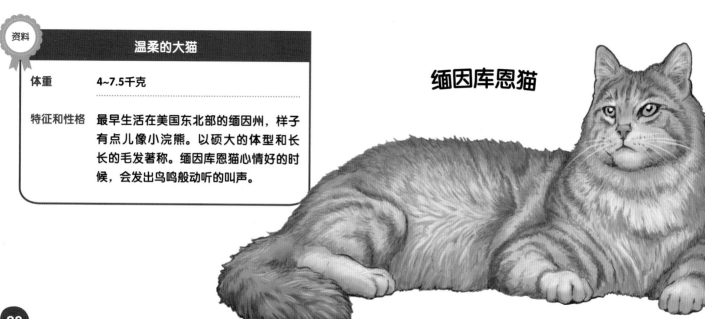

美国卷毛猫

资料	拥有一对反折的耳朵
体重	3.5~7千克
特征和性格	美国卷毛猫最大的特征就是一对反折的小耳朵。这是一种因基因突变而产生的猫科新品种。这种猫咪天真淘气，聪明伶俐。

资料	四肢短小可爱
体重	2.5~4千克
特征和性格	因基因突变而产生的矮脚猫咪，擅长运动，可是不擅长跳跃。

曼切堪猫

孟加拉猫

资料	身上有像山猫一样的斑纹
体重	5.5~10千克
特征和性格	孟加拉猫是由亚洲豹纹猫与家猫交配产生的新品种。它们喜欢与主人互动，一起释放全身的充沛精力。

英国猫咪

英国是世界上最早热衷于繁育猫咪的国家。

英国短毛猫

资料 | 最古老的纯种猫之一

体重	4~8千克
特征和性格	由英国本土猫咪经过几十年繁育产生的纯种猫咪。1871年，首次在世界猫展上亮相。英国短毛猫恬静温柔，喜欢平静安稳的生活。这种猫咪不易生病，一般比较长寿。

资料 | 小小的折耳是亮点

体重	2.5~6千克
特征和性格	在苏格兰一家农场里，因基因突变而产生的新品种。向前弯折的小耳朵是最大的特点，因此被称为"折耳猫"。苏格兰折耳猫与人亲近，性格温和，忍耐力很强。

苏格兰折耳猫

波米拉猫

资料　**偶然诞生的美丽猫咪**

体重	4~7千克
特征和性格	由缅甸猫与金吉拉猫偶然交配产生的新品种。眼睛周围美丽的眼线让人印象深刻。波米拉猫喜欢玩耍，性格十分友好。

马恩岛猫

资料　**没有尾巴的猫咪**

体重	3.5~5.5千克
特征和性格	原产于英国的马恩岛，是一种没有尾巴的猫咪。偶尔也会出现小尾或突尾的猫咪。马恩岛猫性格温和，喜欢玩耍，十分聪明。

康沃尔帝王猫

资料　**有卷曲的毛发**

体重	2.5~4千克
特征和性格	最初在英格兰康沃尔郡的一个农场里被发现的猫咪。由于其卷曲的毛发，得到了人们的关注。经过人工繁育，形成了新的品种。康沃尔帝王猫极端活泼，聪明机警，与人亲近，喜爱社交。

世界各地的猫①

一般来说，猫咪都比较讨厌水，但是也有几种猫咪喜欢游泳。

土耳其安哥拉猫

资料	在极寒地区也能生活
原产国	俄罗斯
体重	4.5~9千克
特征和性格	能够忍受西伯利亚地区的极寒气候，覆盖全身的厚厚毛发是最显著的特点。一般情况下，猫咪在1岁左右就能完全发育成熟，但西伯利亚森林猫至少需要到5岁才能发育成熟。它们好奇心旺盛，容易与人亲近。

西伯利亚森林猫

资料	有光亮美丽的毛发
原产国	土耳其
体重	2.5~5千克
特征和性格	作为一种历史悠久的长毛猫，据说土耳其安哥拉猫从很久以前就开始被人类饲养了。一身光亮的长毛美丽优雅，特别是颈部四周的长毛较为明显，看上去像是戴了一条围巾。许多土耳其安哥拉猫都具备双眼异色的特征。它们活泼好动，特立独行。安哥拉猫作为纯种猫，在土耳其备受重视和保护。

夏特尔蓝猫

资料

橘色的双眼独具特色

原产国	法国
体重	3~7.5千克
特征和性格	蓝灰色的毛发和橙色的眼睛是夏特尔蓝猫最惹人注目的特征。它们叫声很小，是一种性格沉稳的猫咪，身手敏捷。

土耳其梵猫

资料

特别喜欢游泳

原产国	土耳其
体重	3.5~5.5千克
特征和性格	因起源于土耳其的梵湖地区而得名。只有头耳部和尾部有黄褐色花纹。是一种稀有的喜爱游泳的猫咪。

俄罗斯蓝猫

资料

绿眼睛的纤细猫咪

原产国	俄罗斯
体重	3~5.5千克
特征和性格	最大的特点是全身蓝灰色的毛发和一双绿眼睛。害羞怕生，但与主人熟悉以后感情会十分深厚。是一种敏感而聪明的猫咪。

世界各地的猫②

从极寒之地到炎热的非洲，世界各地生活着各种各样的猫咪。

埃及猫

资料

无毛猫的代表

原产国	加拿大
体重	3.5~7千克
特征和性格	虽然在身体某些部位有一些又薄又软的小细毛，但看上去就像全身没有毛一样，所以被称为"无毛猫"。加拿大无毛猫最初也是由于基因突变而产生的新品种。因为毛发稀疏，对温度十分敏感。饲养时要注意防止晒伤，保持体温。加拿大无毛猫是一群热情开朗、喜欢社交的小家伙。

加拿大无毛猫

资料

原产于埃及的性格敏感的猫咪

原产国	埃及
体重	2.5~5千克
特征和性格	埃及猫是人类饲养的最古老的猫咪品种之一，就连古埃及的壁画上也出现了酷似埃及猫的猫咪画像。它们周身的斑点别具特色，性格比较敏感，怕生，一旦与人熟悉起来，能够与主人相处得非常愉快。

阿比尼西亚猫

资料

最古老的猫咪品种之一

原产国	埃塞俄比亚（推测）
体重	4~7.5千克
特征和性格	据说，阿比尼西亚猫原产于阿比尼西亚（现在的埃塞俄比亚联邦民主共和国），但这仅仅是一种推测。阿比尼西亚猫以纤长的四肢著称，是一种非常聪明好动的猫咪。

东奇尼猫

资料

继承了两种猫咪的优点

原产国	加拿大
体重	2.5~5.5千克
特征和性格	东奇尼猫是由缅甸猫和暹罗猫交配繁育出来的新品种。与人亲近，喜爱玩耍，不易生病。

挪威森林猫

资料

在北欧森林里栖息的猫咪

原产国	挪威
体重	3~9千克
特征和性格	挪威森林猫自古以来生活在挪威的森林或农场里，是一群狩猎小能手。它们喜欢与人亲近，是性格温柔的大猫咪。与普通猫咪不同，它们大约到5岁才能发育成熟。

"WONDER OF OUR PETS 1 - MYSTERIES OF CATS"
Supervised by Tadaaki Imaizumi
Copyright© 2017 Yuki Onodera and g-Grape. Co., Ltd.
Original Japanese edition published by Minervashobou Co., Ltd.

© 2022辽宁科学技术出版社。
著作权合同登记号：第06-2018-09号。

图书在版编目（CIP）数据

送给孩子的宠物小百科. 猫咪来了 / (日) 小野寺佑纪著；
张岚译.—沈阳 : 辽宁科学技术出版社，2022.7
ISBN 978-7-5591-2226-1

Ⅰ. ①送… Ⅱ. ①小… ②张… Ⅲ. ①家庭 – 宠物 – 儿童读
物②猫 – 儿童读物 Ⅳ. ①TS976.38-49

中国版本图书馆CIP数据核字(2021)第172171号

出版发行：辽宁科学技术出版社
　　　　　（地址：沈阳市和平区十一纬路25号　邮编：110003）
印 刷 者：凸版艺彩（东莞）印刷有限公司
经 销 者：各地新华书店
幅面尺寸：210mm×260mm
印　　张：2.75
字　　数：80千字
出版时间：2022 年7月第1版
印刷时间：2022 年7月第1次印刷
责任编辑：姜　璐　许晓倩
封面设计：许琳娜
版式设计：许琳娜
责任校对：徐　跃

书　　号：ISBN 978-7-5591-2226-1
定　　价：45.00 元

投稿热线：024-23284365
邮购热线：024-23284502
E-mail:1187962917@qq.com

揭秘萌宠知识
助你科学识宠、养宠

智能阅读向导为正在阅读本书的你，提供以下专属服务

萌宠百态图

用可爱治愈你，如果一只不行，那就两只

神奇动物园

带你探索超有料的动物小百科

萌宠护理家

健康护宠指南做有温度的科普

 ☑ 素养提升课堂
百科小知识，周周更新

☑ 爱宠交流社群
打破界限，无拘无束分享交流

扫码添加
智能阅读向导

加入学习交流社群

不可思议的健康

猫咪的身体结构和习性特点，决定了它们易患一些特殊的疾病。

（参见第 22~23 页）

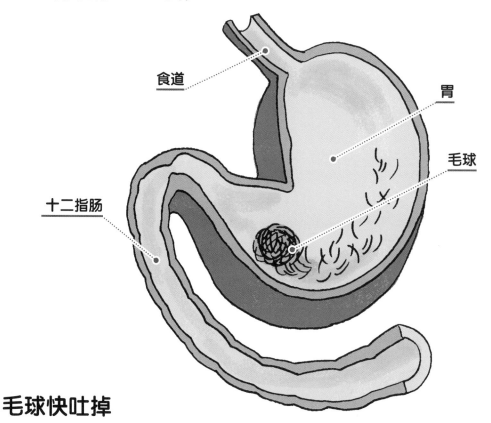

食道

胃

毛球

十二指肠

毛球快吐掉

养过猫咪的人都知道，猫咪有时候会把舔进肚子里的毛吐出来。吐毛的时候，常常会把胃里的食物也一起吐出来。这对猫咪来说很正常，并非生病的表现。但如果你发现你的爱猫频繁呕吐，或者呕吐物里有血，就应该带猫咪及时就医。

大多数时候，猫咪吞进肚子里的毛发，会经过胃和肠，最后与粪便一起排出体外。

但如果吞下了过多毛发又无法及时排出，留在体内的毛发就可能在胃里滚成毛球。毛球会越滚越大，对猫咪的胃产生刺激。一旦毛球堵住了肠胃之间的通道，猫咪就会觉得不舒服了。

如果你发现你的爱猫没胃口，身体日渐消瘦，那很有可能是肠胃中的毛球在作怪。我们把这种病叫作毛球病。

牙齿知多少

成年猫咪有 30 颗牙齿，其中，上门齿和下门齿各有 6 颗，能够剥掉猎物的皮毛。另外，上下分别有 2 颗尖锐的犬齿，能够咬断猎物的喉咙。包括前臼齿和后臼齿在内，猫咪一共有上下 14 颗臼齿，主要用来咀嚼肉类和其他食物。与人类不同，猫咪不需要把食物咀嚼得很碎，它们只要把食物嚼成可以吞咽的大小，然后成块儿吞下。

猫咪的舌头上有很多叫作"丝状乳头"的突起，看起来像倒刺一样，因此舌头的表面很粗糙。在猫咪为自己清理毛发时，这些"小倒刺"就像刷子一样；在啃食骨肉的时候，它们还能当勺子用。

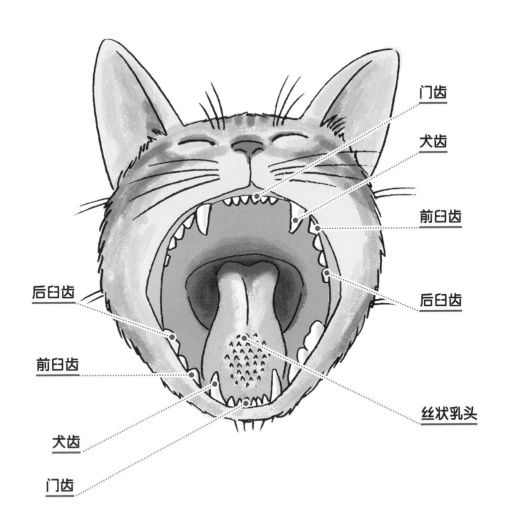

门齿

犬齿

前臼齿

后臼齿

丝状乳头

后臼齿

前臼齿

犬齿

门齿